天気のなぞを解いてみよう!

人びとの生活は、毎日コロコロ変わる「天気」に大きくえいきょうされます。楽しみだった運動会が雨で中止になったり、ピクニックに行っても急に寒くなって遊べなかったり……。

そんな天気とうまくつき合っていくためにも、天気の変化や空のしくみについて知ることは、とっても大切です。

この本では、なぞ解きをするような感覚で、天気について楽しみながら学べます。まずは、目の前で起きている空の現象をよーく観察し、どうしてそんな現象が起きたのか、なぜ空のようすが変わったのか、予想してみましょう。そして、その予想が正しいかどうか、もう一度よく観察して、なぞ解きをしてみましょう。

この本で、「地球温暖化」や「異常気象」のことがわかったら、地球のために何ができるか、自分なりに考えたくなるはずです。

筆保弘徳

異常気象（いじょうきしょう）

横浜国立大学
台風科学技術研究センター長・教授
筆保弘徳 監修

理論社

目次

この本の使い方

ギモン＆予想ページ

異常気象に関する「ギモン」に対して、
みんなで意見を出し合って、予想を立てます。

観察＆まとめページ

予想をもとに異常気象を観察していきます。実験などもしながら、
予想が当たっているか、まちがっているかを考えていきます。

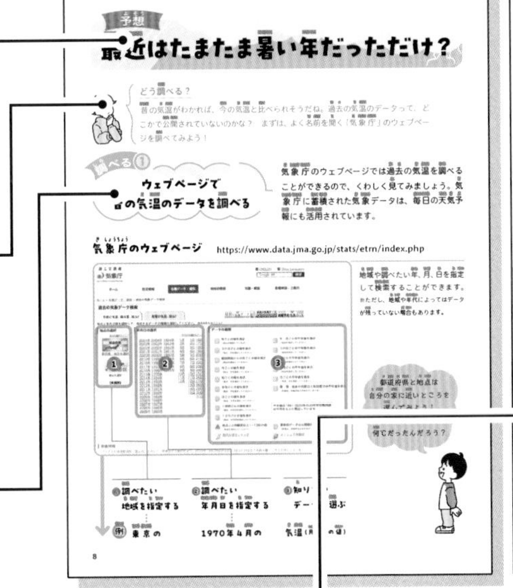

予想

ギモンを解消していくためにまず予想をします。

どう調べる？

どうすれば予想を検証できるかを考えます。

調べる（観察）

立てた予想が当たっているのか、まちがっているのかを検証していきます。

まとめると

調べてわかったことを会話の中でまとめます。

予想の結果

その予想が当たっているのか、まちがっているのか、答えを出しています。

教えて！筆保先生

観察してもわかりきらなかったことを教えてもらいます。

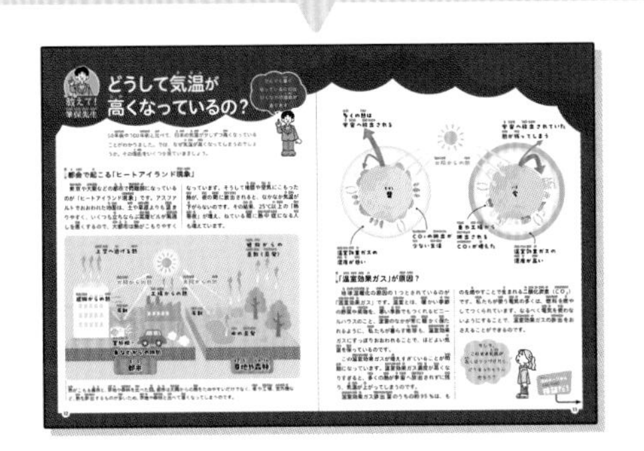

「もっと知りたい！」
気象観測などに関する
情報をしょうかいして
いるページです。

見てみよう！

地球は暑くなっている？

北極圏の氷は、観測が始まった1979年から減りつづけており、1年あたりの減少量は北海道の面積と同じくらいです。(2015年8月12日撮影)

大規模な森林火災によって失われる森林の面積は、20年前と比べて約2倍に広がっています。

だれも火をつけていないのに火事になるのは、気温が上がっているせい……？

タイで長期間にわたって雨がふらず、ひび割れた地面。(2020年2月16日撮影)

強い雨がふる回数や一度にふる雨の量が増えると、土砂災害や川の氾らんにつながります。

温暖化が原因で大雨が増えたって聞いたことがあるけど、そもそも本当に気温は高くなっているの？

次のページから検証だ！

ギモン①

本当に気温は高くなっているの？

最近、暑くない？

暑い日は、日がさをさしている人をよく見るね。

うちのお父さんも、仕事に行くときに日がさをさしているよ。

おばあちゃんが「昔はもっとすずしかった」って言ってたけど本当かな？

うーん。そんなに大きな差があるとは思えないなあ。

たまたま最近暑い年がつづいているってだけじゃない？

予想

最近はたまたま暑い年だっただけ？

→ 8 ページへ

予想

最近はたまたま暑い年だっただけ？

どう調べる？

昔の気温がわかれば、今の気温と比べられそうだね。過去の気温のデータって、どこかで公開されていないのかな？　まずは、よく名前を聞く「気象庁」のウェブページを調べてみよう！

調べる①

ウェブページで昔の気温のデータを調べる

気象庁のウェブページでは過去の気温を調べることができるので、くわしく見てみましょう。気象庁に蓄積された気象データは、毎日の天気予報にも活用されています。

気象庁のウェブページ

https://www.data.jma.go.jp/stats/etrn/index.php

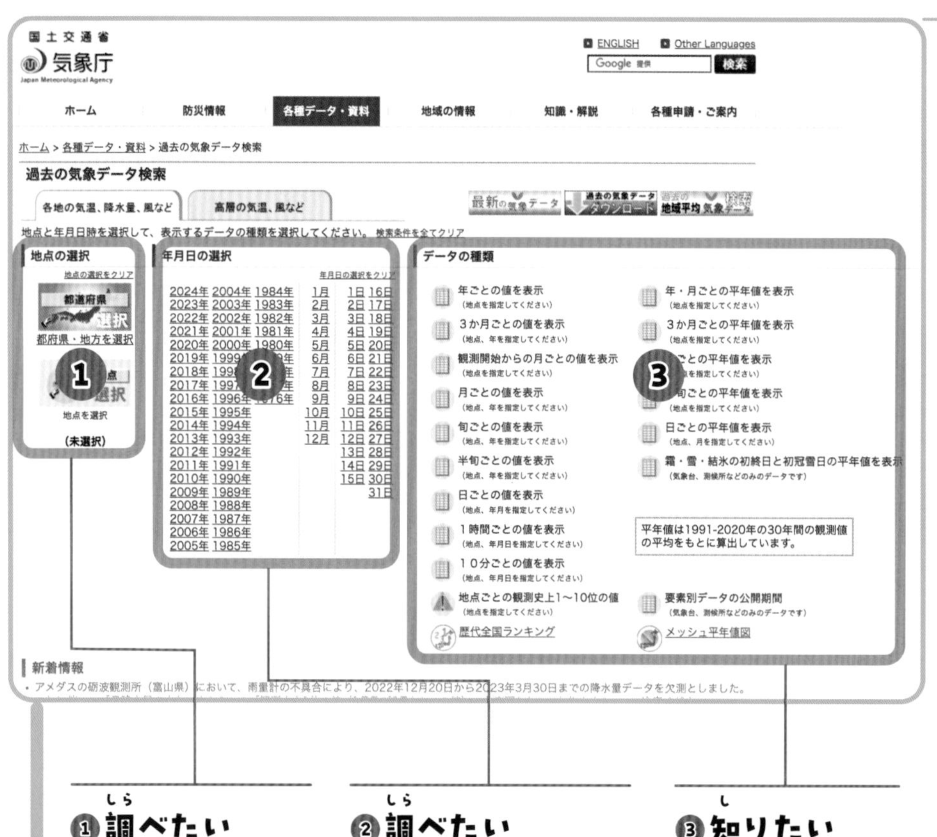

地域や調べたい年、月、日を指定して検索することができます。

※ただし、地域や年代によってはデータが残っていない場合もあります。

都道府県と地点は自分の家に近いところを選んでみよう！　50年前の今日は何℃だったんだろう？

①調べたい地域を指定する
⋮
例　東京の

②調べたい年月日を指定する
⋮
1970年4月の

③知りたいデータを選ぶ
⋮
気温（月ごとの値）

東京（東京都） 1970年4月（日ごとの値） 主な要素

日	気圧(hPa) 現地 平均	気圧(hPa) 海面 平均	降水量(mm) 合計	降水量(mm) 最大 1時間	降水量(mm) 最大 10分間	気温(℃) 平均	気温(℃) 最高	気温(℃) 最低	湿度(%) 平均	湿度(%) 最小	風向・風速(m/s) 平均風速	最大風速 風速	最大風速 風向	最大瞬間風速 風速	最大瞬間風速 風向	日照時間(h)	雪(c 降雪 合計
1	1011.3	1015.7	--	--	--	10.7	16.2	4.9	45	17	3.1	5.8	東南東	11.4		7.6	--
2	1018.2	1022.7	0.0	0.0	0.0	8.6	10.9	6.3	52	34	3.5	5.7	東北東	8.1		--	--
3	1011.7	1016.2	11.0	2.5	0.5	7.8	10.0	6.3	85	66	5.8	8.5	北	13.5		--	--
4	1010.8	1015.2	0.5	0.5	0.5	8.7	12.0	5.5	67	50	5.1	7.5	東北東	12.5		0.7	--
5	1017.4	1021.8	--	--	--	9.1	12.4	6.1	63	50	3.4	5.3	北	9.0		2.0	--
6	1019.1	1023.4	--	--	--	11.8	15.7	5.9	67	48	4.2	9.7	南南東	16.0		10.3	--
7	1011.6	1015.9	--	--	--	14.2	18.5	8.6	69	54	6.0	14.8	南南西	21.7		2.2	--
8	1015.3	1019.6	--	--	--	14.4	19.2	9.7	40	17	4.9	8.7	南	14.4		9.0	--
9	1013.1	1017.4	--	--	--	13.8	18.0	10.1	66	51	2.3	4.8	南	7.4		2.3	--
10	1014.4	1018.7	0.0	0.0	0.0	15.4	21.1	9.9	57	26	3.4	7.5	東北東	11.0		3.0	--
11	1013.4	1017.8	41.5	5.0	1.0	9.8	13.7	8.9	97	64	5.2	8.3	北	14.4		--	--
12	1002.3	1006.5	1.0	0.5	0.5	13.2	19.5	9.5	75	36	4.4	7.7	北	14.2		2.4	--
13	1012.4	1016.8	--	--	--	9.9	14.6	6.2	34	28	6.2	10.7	北北東	17.9		10.8	--
14	1024.5	1028.9	--	--	--	9.1	13.1	4.9	45	22	3.7	8.0	北	13.4		10.1	--
15	1022.4	1026.8	0.0	0.0	0.0	12.9	17.1	7.0	69	48	4.3	10.7	南南東	14.2		10.9	
16	1016.4	1020.7	--	--	--	15.4	20.1	9.1	72	47	2.9	8.0	南南東	10.5		10.2	
17	1007.6	1011.8	--	--	--	17.8	22.1	11.6	70	50	6.1	15.5	南南西	22.4		8.3	
18	1008.0	1012.4	20.5	5.0	1.5	11.2	18.3	8.5	90	66	4.3	9.7	東北東	16.5			
19	1017.2	1021.5	2.0	2.0	0.5	13.1	15.3	9.4	72	57	2.5	4.8	北北東	7.3			
20	1010.9	1015.2	2.0	1.0	0.5	14.6	18.7	11.4	91	72	2.9	8.8	南南西	12.0			
21	1009.6	1013.8	0.0	0.0	0.0	17.4	21.9	14.0	71	38	4.9	10.5	南南西	15.1			
22	1019.3	1023.7	--	--	--	11.1	14.1	8.6	64	48	4.3	8.2	北東	13.7			
23	1017.8	1022.1	--	--	--	12.5	18.3	7.5	59	28	2.7	4.7	南南東	8.7		9.6	

1970年4月の東京の気象データ。ふった雨の量（降水量）や気温などのデータが記録されています。

中央気象台年報

https://dl.ndl.go.jp/pid/1134046/1/30

大正十三年　東京 TŌKYŌ.

月 MONTH.	氣壓 AIR PRESSURE. mm 平均 Mean	極 Absolute 最高 Max.	極 Absolute 最低 Min.	氣温 TEMPERATURE. ℃ 6h	14h	22h	毎時平均 Hourly Mean	平均 Mean 最高 Max.	平均 Mean 最低 Min.	極 Absolute 最高 Max.	日 Day	最低 Min.	日 Da
一月 Jan.	763.15	770.8	752.9	98.84	8.03	1.36	2.70	8.82	97.65	14.2	7	95.1	28
二月 Feb.	759.81	770.2	745.0	1.24	8.47	3.29	4.46	9.79	99.60	20.5	8	94.9	17
三月 Mar.	763.06	772.1	749.1	0.99	9.00	4.02	5.02	0.15	99.99	16.7	23	95.7	8,1
四月 April	762.30	770.0	748.2	11.64	18.06	13.90	14.70	9.13	10.41	23.6	26	6.4	1
五月 May	757.56	767.0	744.4	14.07	20.43	15.58	16.94	21.87	11.92	26.8	27	6.6	13
六月 June	757.45	765.3	747.6	16.92	22.53	18.32	19.38	23.56	15.89	32.4	24	12.4	8,
七月 July	760.94	765.7	755.8	23.25	29.65	24.49	26.05	30.83	22.25	33.6	9	16.6	4
八月 Aug.	757.21	761.8	750.3	23.38	29.60	24.94	26.16	30.72	22.43	36.1	23	19.5	28
九月 Sept.	760.06	766.2	751.5	19.25	24.74	20.71	21.81	25.92	18.22	31.5	9	12.7	28
十月 Oct.	764.01	771.9	749.5	12.64	18.62	14.31	15.36	19.54	11.54	26.9	4	4.7	27
十一月 Nov.	761.27	773.5	745.4	5.63	15.37	8.33	9.89	16.12	4.55	21.3	5	99.9	16
十二月 Dec.	763.43	769.7	747.9	1.87	9.75	4.45	5.24	10.35	0.84	16.5	4	96.9	22
全年 Annual	760.85*	773.5	744.4	10.81	17.85	12.81	13.98	18.90	9.61	36.1	23 VIII	94.9	17

国立国会図書館の「デジタルコレクション」で公開されている「中央気象台年報」でも、明治や大正時代の気象データを見ることができます。

① 時間別の気温　② 月の平均気温

1924年の東京の気象データ。時間別の平均気温なども記録されています。ちなみに1月の午前6時の平均気温が「98.84」となっていますが、これは「マイナス1.16℃」を示しています。0℃よりも気温が低いときは、100から引いた数がそのときの気温になります。

国立国会図書館デジタルコレクション

国立国会図書館で収集・保存しているデジタル資料を検索・閲覧できるサービス。パソコンやスマホなどから、だれでもアクセスすることができます。

気象庁のウェブページでは、観測所ごとに観測開始から今までの気象データを一覧で見ることができます。東京の場合は1875年からのデータが残っています。平均気温はどのように変化しているでしょうか？

❶「東京」を選ぶ
❷「観測開始からの月ごとの値を表示」を選ぶ

※地域によって残っているデータの量は異なります。

1875年から現在までの月ごとの平均気温

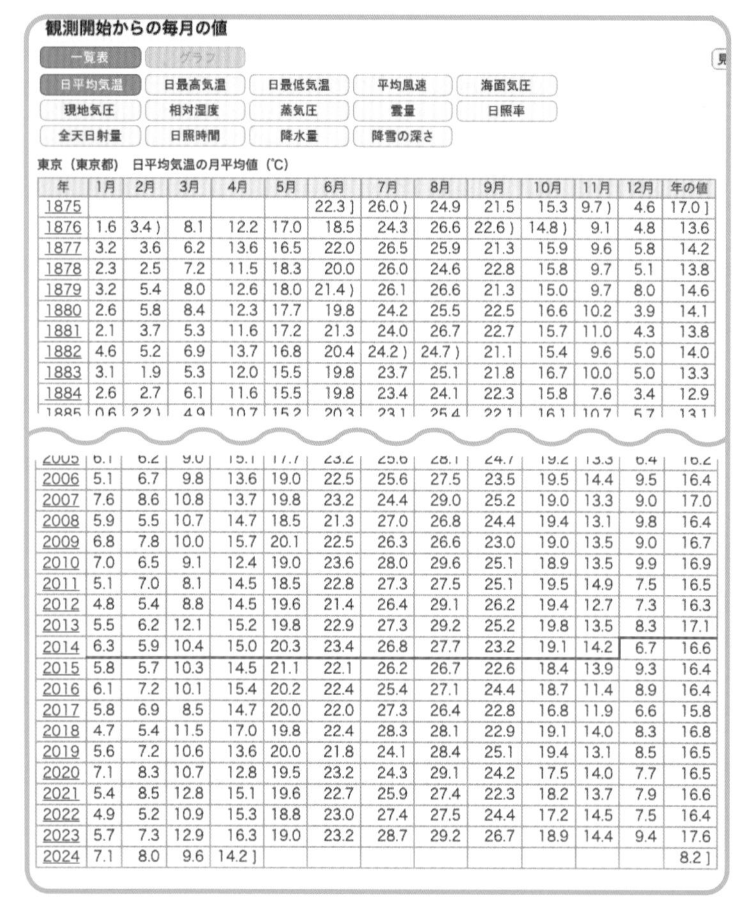
観測開始からの毎月の値

一覧表　グラフ

日平均気温　日最高気温　日最低気温　平均風速　海面気圧
現地気圧　相対湿度　蒸気圧　雲量　日照率
全天日射量　日照時間　降水量　降雪の深さ

東京（東京都）　日平均気温の月平均値（℃）

年	1月	2月	3月	4月	5月	6月	7月	8月	9月	10月	11月	12月	年の値
1875						22.3]	26.0)	24.9	21.5	15.3	9.7)	4.6	17.0]
1876	1.6	3.4)	8.1	12.2	17.0	18.5	24.3	26.6	22.6)	14.8)	9.1	4.8	13.6
1877	3.2	3.6	6.2	13.6	16.5	22.0	26.5	25.9	21.3	15.9	9.6	5.8	14.2
1878	2.3	2.5	7.2	11.5	18.3	20.0	26.0	24.6	22.8	15.8	9.7	5.1	13.8
1879	3.2	5.4	8.0	12.6	18.0	21.4)	26.1	26.6	21.3	15.0	9.7	8.0	14.6
1880	2.6	5.8	8.4	12.3	17.7	19.8	24.2	25.5	22.5	16.6	10.2	3.9	14.1
1881	2.1	3.7	5.3	11.6	17.2	21.3	24.0	26.7	22.7	15.7	11.0	4.3	13.8
1882	4.6	5.2	6.9	13.7	16.8	20.4	24.2)	24.7)	21.1	15.4	9.6	5.0	14.0
1883	3.1	1.9	5.3	12.0	15.5	19.8	23.7	25.1	21.8	16.7	10.0	5.0	13.3
1884	2.6	2.7	6.1	11.6	15.5	19.8	23.4	24.1	22.3	15.8	7.6	3.4	12.9
1885	0.6	2.2)	4.9	10.7	15.2	20.3	23.1	25.4	22.1	16.1	10.7	5.7	13.1
2005	6.1	6.2	9.0	15.1	17.7	23.2	25.6	28.1	24.7	19.2	13.3	6.4	16.2
2006	5.1	6.7	9.8	13.6	19.0	22.5	25.6	27.5	23.5	19.5	14.4	9.5	16.4
2007	7.6	8.6	10.8	13.7	19.8	23.2	24.4	29.0	25.2	19.0	13.3	9.0	17.0
2008	5.9	5.5	10.7	14.7	18.5	21.3	27.0	26.8	24.4	19.4	13.1	9.8	16.4
2009	6.8	7.8	10.0	15.7	20.1	22.5	26.3	26.6	23.0	19.0	13.5	9.0	16.7
2010	7.0	6.5	9.1	12.4	19.0	23.6	28.0	29.6	25.1	18.9	13.5	9.9	16.9
2011	5.1	7.0	8.1	14.5	18.5	22.8	27.3	27.5	25.1	19.5	14.9	7.5	16.5
2012	4.8	5.4	8.8	14.5	19.6	21.4	26.4	29.1	26.2	19.4	12.7	7.3	16.3
2013	5.5	6.2	12.1	15.2	19.8	22.9	27.3	29.2	25.2	19.8	13.5	8.3	17.1
2014	6.3	5.9	10.4	15.0	20.3	23.4	26.8	27.7	23.2	19.1	14.2	6.7	16.6
2015	5.8	5.7	10.3	14.5	21.1	22.1	26.2	26.7	22.6	18.4	13.9	9.3	16.4
2016	6.1	7.2	10.1	15.4	20.2	22.4	25.4	27.1	24.4	18.7	11.4	8.9	16.4
2017	5.8	6.9	8.5	14.7	20.0	22.0	27.3	26.4	22.8	16.8	11.9	6.6	15.8
2018	4.7	5.4	11.5	17.0	19.8	22.4	28.3	28.1	22.9	19.1	14.0	8.3	16.8
2019	5.6	7.2	10.6	13.6	20.0	21.8	24.1	28.4	25.1	19.4	13.1	8.5	16.5
2020	7.1	8.3	10.7	12.8	19.5	23.2	24.3	29.1	24.2	17.5	14.0	7.7	16.5
2021	5.4	8.5	12.8	15.1	19.6	22.7	25.9	27.4	22.3	18.2	13.7	7.9	16.6
2022	4.9	5.2	10.9	15.3	18.8	23.0	27.4	27.5	24.4	17.2	14.5	7.5	16.4
2023	5.7	7.3	12.9	16.3	19.0	23.2	28.7	29.2	26.7	18.9	14.4	9.4	17.6
2024	7.1	8.0	9.6	14.2]									8.2]

1月から12月までの平均気温が一覧になっています。表の上のアイコンを選択すると、最高気温や最低気温の平均値も見ることができます。

※2014年と2015年の間に引かれている赤線は、観測場所が移動したことを表しています。

昔と今の気温を比べると
なんとなく昔のほうが
低い気がするなあ

数字だけだと
なんとも言えないよ。
グラフにすれば、
パッと見て
わかるんじゃないかな？

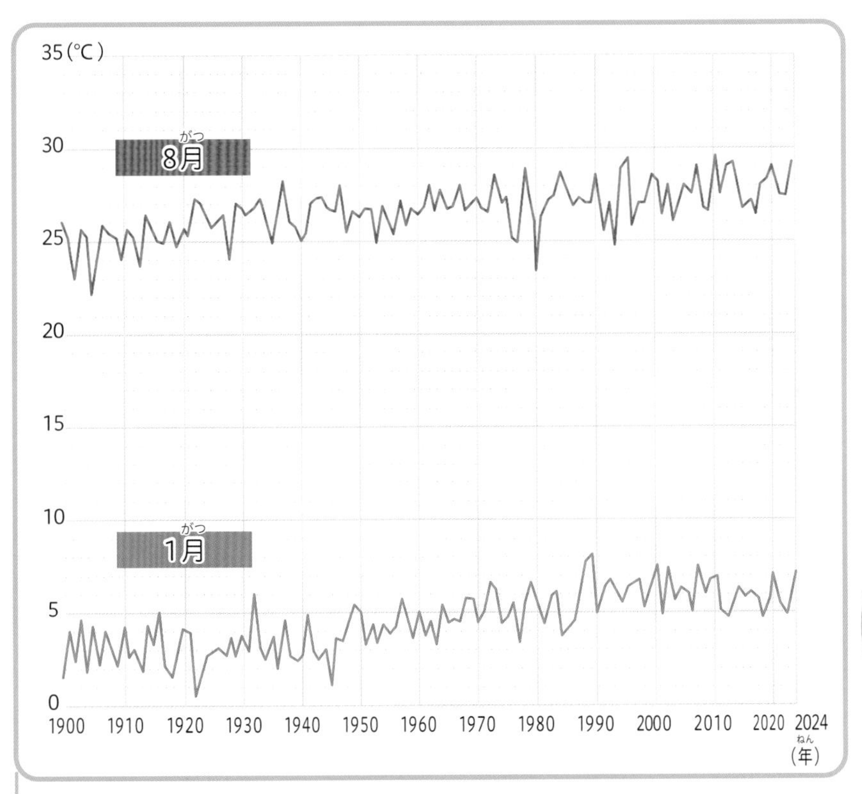

1900年から2024年の1月と8月の平均気温を表したグラフ(東京)　※気象庁「過去の気象データ」をもとに作成

約125年分の1月と8月の平均気温を折れ線グラフで表すと、左のようになります。暑い季節だけでなく、寒い季節もじょじょに気温が高くなっているのがわかります。観測地域や、取り上げるデータを変えて、折れ線グラフを作ってみましょう。

年によって上がったり下がったりしているけれど、おおまかに見ると少しずつ気温が上がっていることがわかるね！

昔は、もう少し気温が低かったんだね。

おばあちゃんの言ってたことは正しかったんだ。

そうだね。最近がたまたま暑かったわけじゃなかったんだ。私は寒いのが苦手だから、ちょっとうれしいかも。

ええー！　夏がもっと暑くなったら、みんなたおれちゃうよ！

予想は……不正解

昔と比べて気温が高くなっている！

でも？

どうして昔よりも気温が高くなっているんだろう？

「温暖化」ってよく聞くけど何か原因があるのかな？

次のページで先生に聞こう！

どうして気温が高くなっているの？

どんどん暑くなっているのにはいくつかの理由があります

50年前や100年前と比べて、日本の気温が少しずつ高くなっていることがわかりました。では、なぜ気温が高くなってしまうのでしょうか。その理由をいくつか見ていきましょう。

都会で起こる「ヒートアイランド現象」

東京や大阪などの都市部で問題になっているのが「ヒートアイランド現象」です。アスファルトでおおわれた地面は、土や草原よりも温まりやすく、いくつも立ちならぶ高層ビルが風通しを悪くするので、大都市は熱がこもりやすくなっています。そうして地面や空気にこもった熱が、夜の間に放出されると、なかなか気温が下がらないのです。その結果、25℃以上の「熱帯夜」が増え、ねている間に熱中症になる人も増えています。

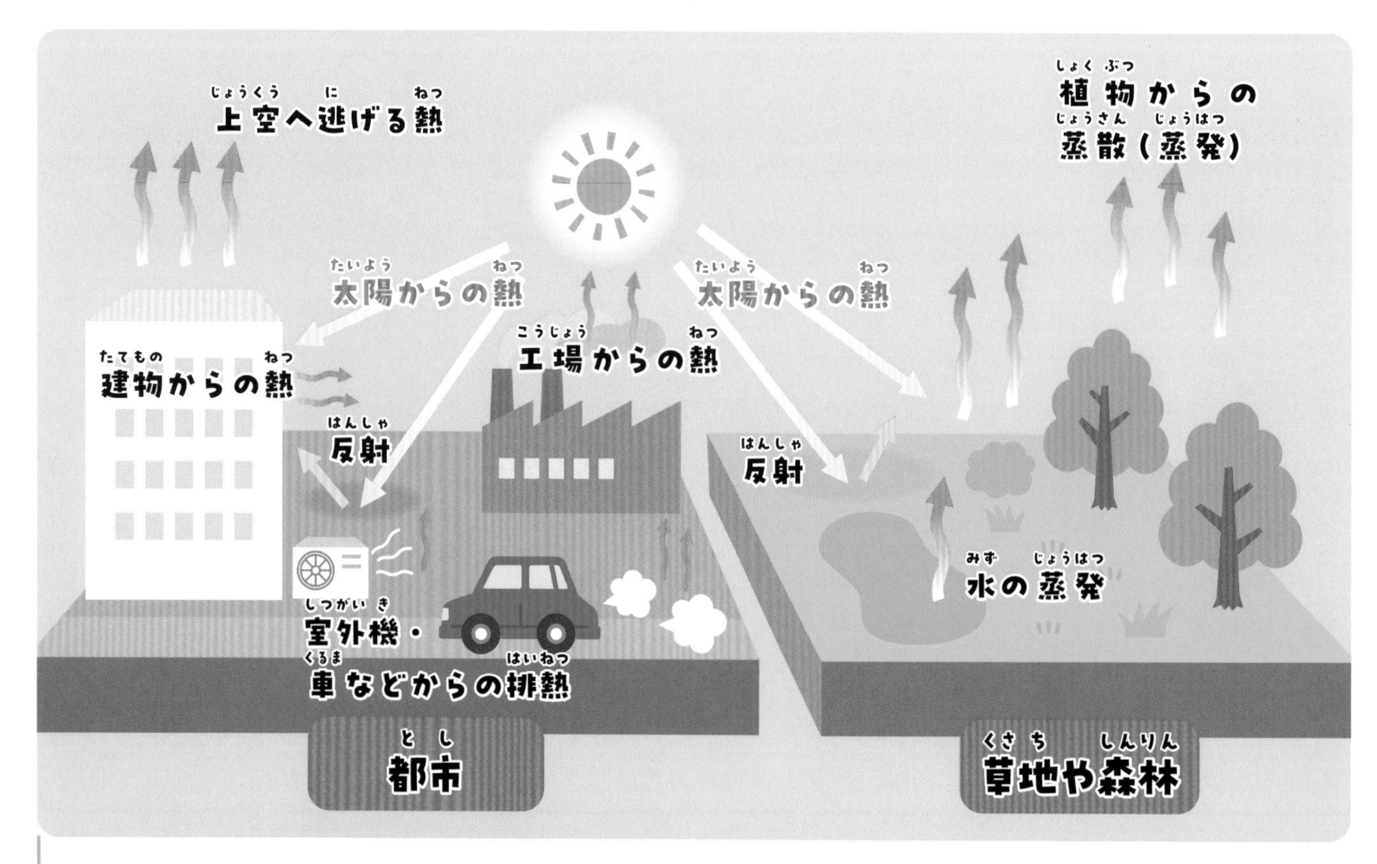

熱がこもる都市と、草地や森林を比べた図。都市は太陽からの熱をためやすいだけでなく、車や工場、室外機など、熱を排出するものが多いため、草地や森林と比べて暑くなってしまうのです。

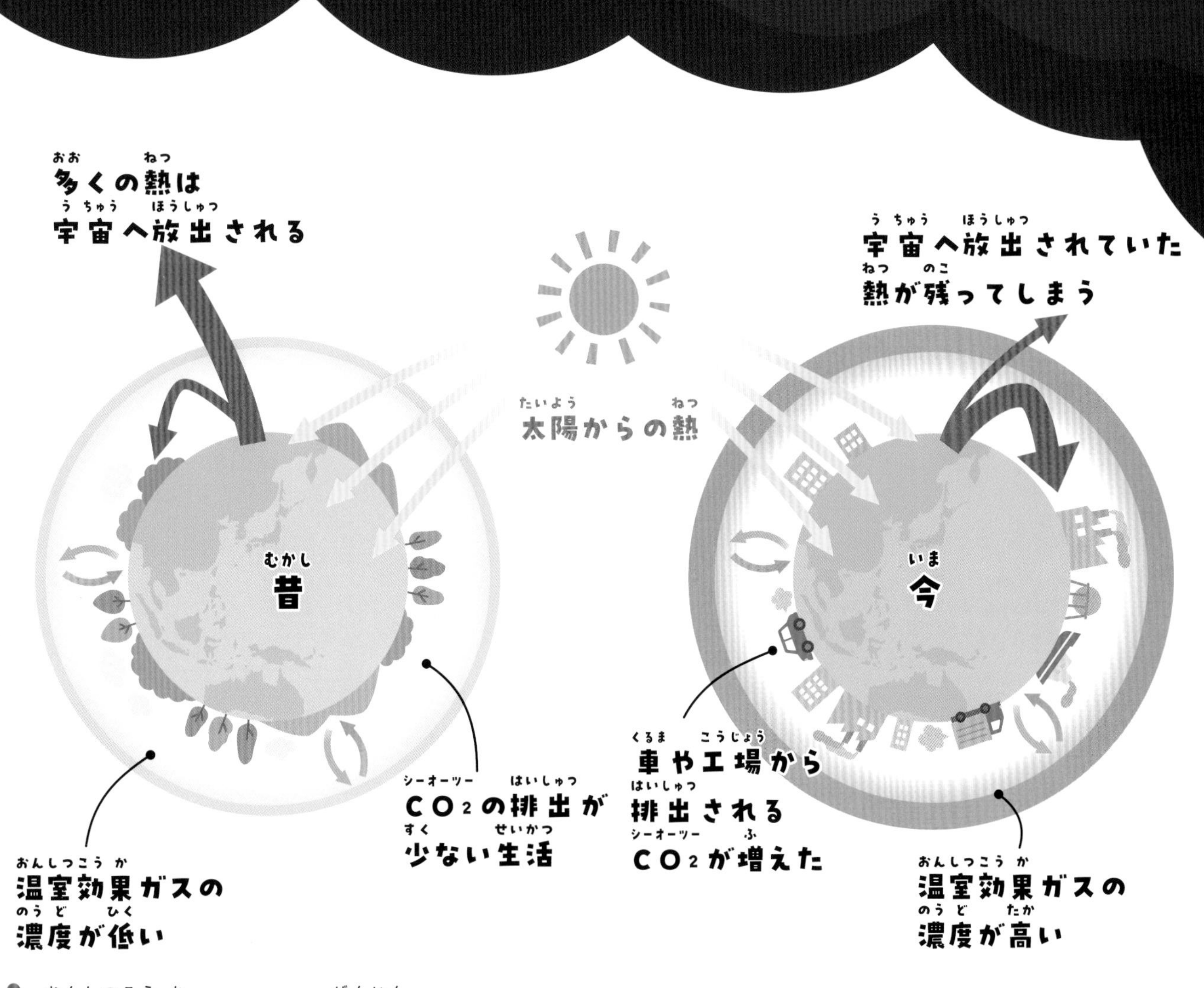

「温室効果ガス」が原因？

地球温暖化の原因の１つとされているのが「温室効果ガス」です。温室とは、暖かい季節の野菜や果物を、寒い季節でもつくれるビニールハウスのこと。温室のなかが常に暖かく保たれるように、私たちが暮らす地球も、温室効果ガスにすっぽりおおわれることで、ほどよい気温を保っているのです。

この温室効果ガスが増えすぎていることが問題になっています。温室効果ガス濃度が高くなりすぎると、多くの熱が宇宙へ放出されずに残り、気温が上がってしまうのです。

温室効果ガス排出量のうちの約95％は、ものを燃やすことで生まれる二酸化炭素（CO_2）です。私たちが使う電気の多くは、燃料を燃やしてつくられています。なるべく電気を使わないようにすることで、温室効果ガスの排出をおさえることができるのです。

ギモン②

このまま気温が上がりつづけたらどんなことが起きるの？

熱帯雨林を再現した板橋区立熱帯環境植物館。背が高く、日本の環境ではあまり見られない植物が生いしげっています。

暑くなりつづけたら…

東南アジアの熱帯雨林を再現した植物園に行ってきたよ！　近所ではあまり見たことのない植物ばっかりだったから、楽しかったなあ。

おもしろそう！　もし、日本がこのまま暑くなりつづけたら、熱帯雨林みたいになるのかな？

冬が短くなったら、**植物の見ごろが変わるかもね。**

３月や４月にさくはずのサクラが、１月にさいたりするのかな？

予想

季節の植物の見ごろが変わる？

→16ページへ

季節の植物の見ごろが変わる？

どう調べる？

暑さで季節がずれていったら「季節の植物」の見ごろも変わるはずだよね。昔の日本で「いつごろ、どんな花がさいていたか」を記録している本はないかな？　今の見ごろは、近くの植物公園のウェブサイトで調べてみようかな。

調べる①　『江戸名所花暦』で季節の植物の昔の見ごろを調べる

国立国会図書館デジタルコレクションで、江戸（今の東京都）の草花の名所が記された『江戸名所花暦』を見てみましょう。草花の見ごろは「立春から◯日ごろ」というように示されています。

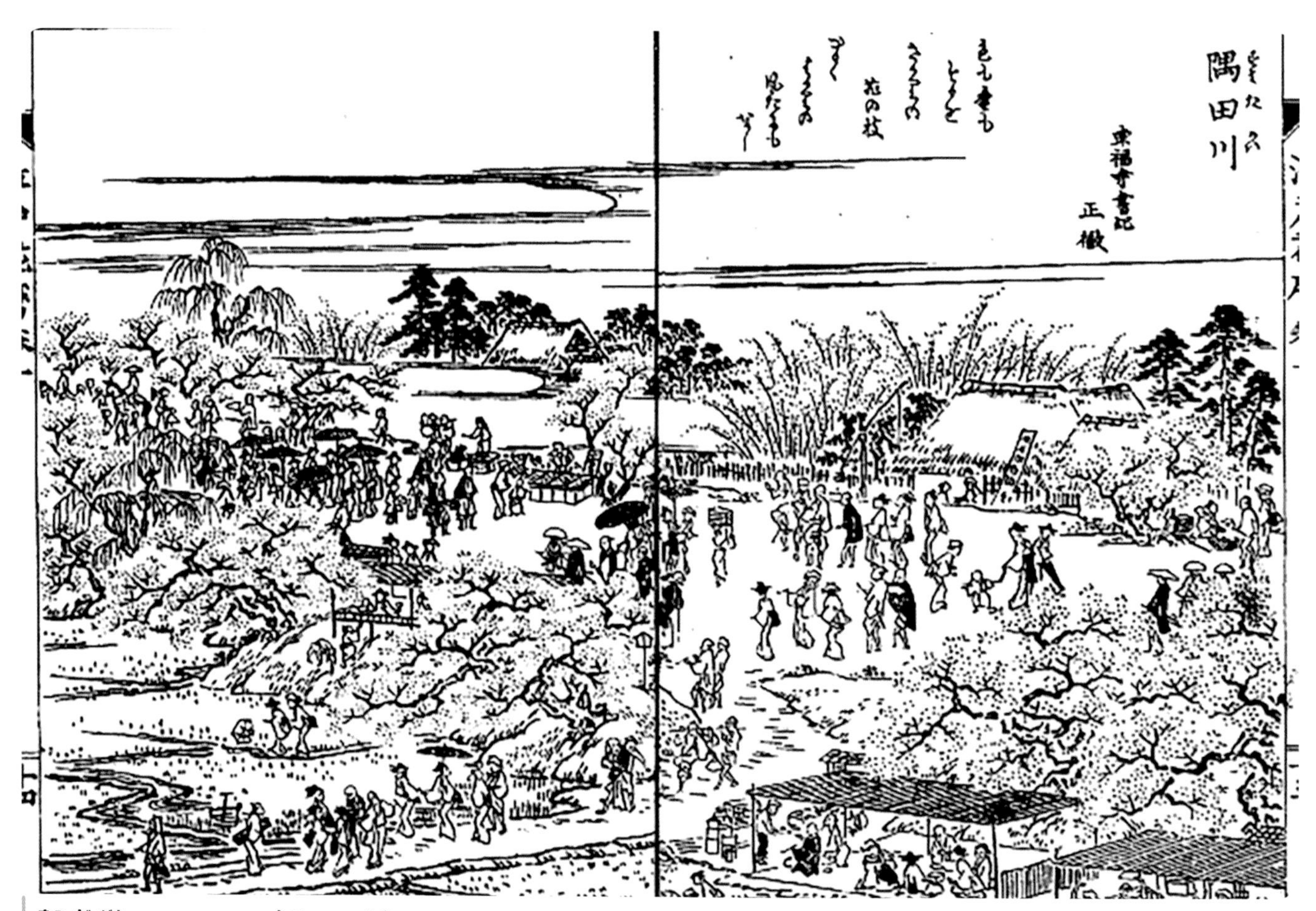

隅田川のサクラを楽しむ人びと

1827年に刊行された『江戸名所花暦』より。立春の65～70日後が見ごろとされています。

今も昔もお花見を楽しむ習慣に変わりはないんだね。

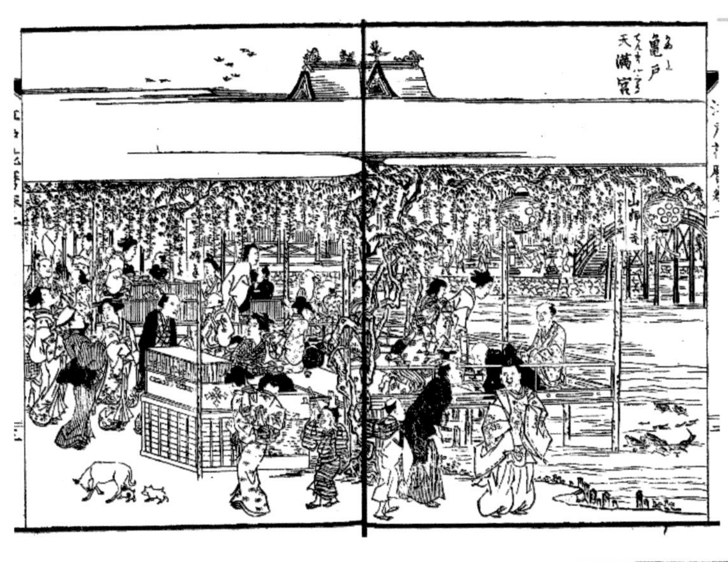

藤棚のフジを見る人びと

『江戸名所花暦』より。フジの見ごろは立夏のころとされています。

みんな、フジを見上げて楽しそう！

うす紫色の小さな花がきれいだよね。

亀戸天神社の藤まつり

『江戸名所花暦』でしょうかいされていた「亀戸天神社」では今も毎年「藤まつり」が開催されています。

うわあ！ すっごくきれい！

「藤まつり」は、江戸時代の見ごろと同じ時期に開催されるのかな？

江戸時代の植物の見ごろをまとめると…

春	サクラ 立春から 65 ～ 70 日	ツツジ、スミレ 立春から 70 日
夏	フジ 立夏のころ	ハス 立夏から 50 日
秋	オミナエシ 立秋から 40 日	カエデの紅葉 立冬から 10 日

『江戸名所花暦』に示された植物の見ごろを表にまとめました。立春は２月４日ごろ、立夏は５月６日ごろ、立秋は８月８日ごろ、立冬は11月８日ごろとされていますが、年によって前後することがあるので、カレンダーを確認するようにしましょう。

フジは立夏だから、５月６日ごろが江戸時代の見ごろだったんだね！

カエデの紅葉は11月８日の10日後だから……11月18日ごろか！

調べる②
植物公園の見ごろと比べてみる

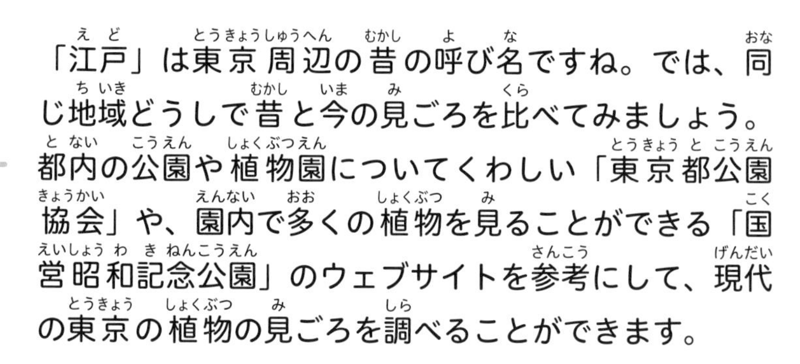

「江戸」は東京周辺の昔の呼び名ですね。では、同じ地域どうしで昔と今の見ごろを比べてみましょう。都内の公園や植物園についてくわしい「東京都公園協会」や、園内で多くの植物を見ることができる「国営昭和記念公園」のウェブサイトを参考にして、現代の東京の植物の見ごろを調べることができます。

春の植物

サクラ。日本全国で広く見られます。気象庁による開花宣言なども行われています。

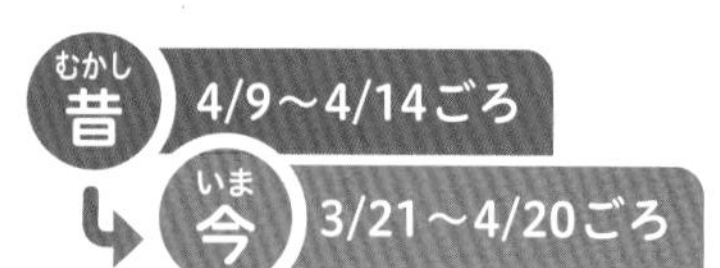

スミレ。田畑や草地、道ばたなどで見ることができます。小さな紫や白の花をつけます。

ツツジ。道ばたや生け垣に植えられることが多い花です。ピンクや白の花をつけます。

夏の植物

フジ。藤棚などから、たれ下がるように花がさく、つる性の植物です。

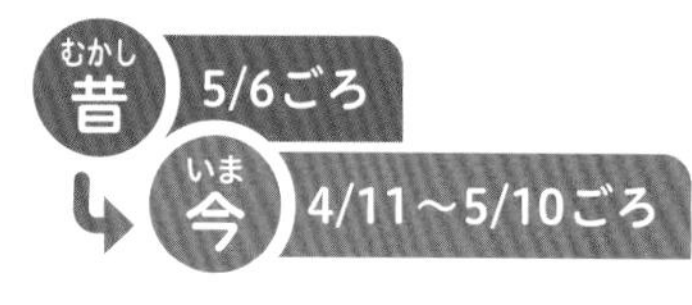

ハス。水底の泥のなかから茎をのばして水面に花をさかせます。

秋の植物

カエデの紅葉。紅葉した葉はほどなくして落葉し、次の新芽を育てはじめます。

昔 11/18ごろ → 今 10/21〜12/10ごろ

オミナエシ。日当たりのいい草原で小さな黄色い花をつけます。秋の七草の1つでもあります。

昔 9/17ごろ → 今 8月〜10月ごろ

参考ウェブサイト

- 公益財団法人　東京都公園協会（https://www.tokyo-park.or.jp/）
- 国営昭和記念公園（https://www.showakinen-koen.jp/）

サクラやフジは、かなり早くなっているね。あまり差がない植物も、今後見ごろが変わってくるのかもしれないね

気温によって、花のさく時期が少しずつ変わるのかもしれないね。

植物は、自分が過ごしやすい気温を知ってるんだね！

そういえば、前に、秋にサクラがさいたってニュースを見たことがあるよ。

気温が高くて春だと思っちゃったのかもしれないね。

お花だけじゃなくて、野菜や果物の時期も変わっちゃうかも……。

予想は……ほぼ正解

見ごろが少しずつ変わっている植物もある！

でも？

植物の見ごろって地域によってちがいそうだよね

自分たちの地域の見ごろも知りたいな！

次のページでやってみよう！

やってみよう①
私たちの地域の「見ごろ」調べ

身の周りの植物を探してみよう！

ギモン２で調べた植物を、みなさんの身の周りから見つけることができるでしょうか？見つけた場所と見ごろになった日を記録して、東京の見ごろと比べてみましょう。どんなことがわかるでしょうか。

◎春の植物

サクラ
校庭　3/21
川沿い　3/22

ツツジ
スーパーの前　4/5

スミレ
4丁目の公園　3/3

私が住んでいる地域は、東京よりも南にあるから、ちょっと時期が早いのかも

観察するときの注意

- 安全に気をつけて観察し、立ち入り禁止の場所には入らない。
- よその家や公園の花だんの草花をつんだり、街路樹の枝を折ったりしない。
- 虫に注意し、植物にはむやみにさわらない。

やってみよう②

100年後の天気を想像してみよう

2100年 きょうの天気予報

今から100年後の日本は、どんな天気になっているでしょうか。ギモン1で調べた地域の天気や気温の特ちょうから自由に想像して、「100年後のきょうの天気予報」に挑戦してみましょう。また、発表を聞いて、気になったことについて話し合ってみましょう。

こんなことも話し合ってみよう

- どんな服装が過ごしやすいかな？
- 注意しないといけないことはないかな？
- 今と大きく変わるのは、どんなところだろう？

見てみよう！

激しくふる大雨

夏によく見られる積乱雲。入道雲とも呼ばれます。雲の高さは10キロメートルをこえることも。

「ザーザー」って音が
聞こえるほどふりだした！
こういう激しい雨の日に
警報が出たりするけれど、
何が危ないんだろう？

次のページから
検証だ！

雨が地面にぶつかって、水しぶきで遠くが白くかすんでいます。雨の勢いが強いことがわかります。

ギモン③

大雨って どうして危ないの？

佐賀県佐賀市にふった大雨のようす。
（2020年７月６日午後０時43分撮影）

大雨は危ない？

うわあ！　すごい雨だね。こんな日は外に出たくないなあ。

そうだね。強い雨の日って警報が出て、学校が休みになったりするよね。

でも大雨って何がそんなに危ないんだろう？

「川の水位が上がるから危ない」って聞いたことがあるよ。

でも、雨ってただの水だよね。堤防もあるし、川に近づかなければ大丈夫じゃない？

予想

大雨でも、
川に近づかなければ大丈夫？

→ 26 ページへ

予想 大雨でも、川に近づかなければ大丈夫？

どう調べる？

大雨のときに警報が出るけれど、どんなところに危険があるんだろう。警報が出る雨の特ちょうを見つければ、わかるかな？　大雨が原因で起きた過去の災害を調べてみようかな。

調べる① 強い雨の日にどんな警報が出たのか調べる

下の写真は、24ページの写真が撮られた2020年7月6日午後1時の雨雲レーダーです。佐賀県全域では6日から14日にかけて強い雨がふりつづき、さまざまな警報が発表されました。7月6日のうちに佐賀市に発表された警報を見て、どんな危険があるのか考えてみましょう。

佐賀市周辺の雨雲レーダー

2020年7月6日午後1時の雨のようす。太い白線で囲われているのが佐賀市です。

佐賀市の上には赤色やオレンジ色がかかっているね。

赤やオレンジは、強い雨をふらせる雲を表しているみたい。

朝の時点で、大雨と洪水の「注意報」が出ているよ！

とちゅうで「警報」や「特別警報」に変わったけど、どうちがうのかな？

「土砂災害警戒情報」も発表されているね。

同じ日に佐賀市に発表された警報など

時間	午前5時6分	午前9時21分	午前11時14分	午後0時3分	午後2時35分	午後4時30分
大雨	注意報 →		警報 →			特別警報
洪水		注意報 →		警報		
土砂災害警戒情報					発表	

雨に関する警報や注意報

危険度	警戒レベル	気象庁から出る情報	市町村から出る情報	私たちが取るべき行動
高	5	大雨特別警報 氾濫発生情報	緊急安全確保	命を守るために最善の行動をする
	4	土砂災害警戒情報 氾濫危険情報	避難指示	避難する
	3	大雨警報 洪水警報	避難準備 高齢者等避難開始	避難の準備をする（高齢者などは避難）
	2	大雨注意報 洪水注意報		避難所の場所を再確認しておく
低	1	早期注意情報		防災情報に注意する

上の表は、雨に関する警報や注意報などを、危険度とともにまとめたものです。大雨によって「河川の氾らん」や「土砂災害」が起こることがあります。「氾らん」とは、河川が増水して堤防をこえたり、こわしたり（決壊）して、川の水があふれてしまうこと。「土砂災害」は、地盤がゆるむことで、山がくずれたり、道路に穴があいたり（陥没）することを指します。このような災害が起きる前に、避難することが大切です。「警戒レベル」は避難のめやす。レベル4までに逃げられるよう、ふだんから準備をしておきましょう。

どうやって知る？ 気象警報

警報が出ているかどうかを知る手段は、いくつかあります。テレビ画面に警報が流れるところを見たことがある人は多いでしょう。ほかにも、携帯電話やスマートフォンに防災情報が届く「エリアメール」を利用できる地域もあります。外にいるときに警報が出た場合は、地域の防災無線で放送される情報に耳をかたむけましょう。

よくニュースで聞く「注意報」や「警報」って、こんなふうにレベルがわかれているのか！

雨そのものもだけど、雨が原因で起こる災害に注意が必要なんだね。

実際の災害のようすも知っておきたいね。

調べる②

過去の大雨に関する災害を調べてみる

近年、「数十年に一度」の規模の自然災害が毎年のように起きています。大規模な河川の氾らんや土砂災害などが発生した「豪雨災害」の写真を見て、大雨の危険性について考えてみましょう。

平成30年7月豪雨（西日本豪雨）… 2018年7月7日

河川が氾らんし泥水につかった町（岡山県倉敷市）。6月28日から7月8日にかけて西日本を中心に記録的な大雨がふりつづき、河川の氾らんや建物の浸水、土砂災害が発生しました。

道路標識の高さまで水につかっています。水深は最大で5メートルに達しました。

川の増水によってくずれたJR芸備線の鉄橋（広島市）。

同じ強い雨でもゲリラ豪雨はすぐにやむよね

ふりつづくと、こんなことになっちゃうんだ

九州北部豪雨 … 2017年7月6日

7月5日から6日にかけて、九州北部で記録的な大雨がふりました。土砂くずれが発生し、茶色い山肌が見えています(大分県日田市)。

山の間を流れる河川が氾らんしたことで土砂災害が発生し、山に生えていた木が下流へ流されて、大きな被害が出ました。

山が大きくくずれているよ。危険なのは川の近くだけじゃなさそうだね

令和元年東日本台風(台風19号)による大雨 … 2019年10月13日

決壊した千曲川の堤防(長野市)。10月10日から13日にかけて、台風の影響で記録的な大雨がふりました。関東・東北地方を中心に140カ所の堤防が決壊しました。

堤防があっても安全とは限らないんだね。ほかにも危険な場所はないかな?

調べる③

身の周りの危険を見つけてみよう

大雨が原因で起きる被害には、いろいろなものがあります。下の絵を見て、どこに危険があるか考えてみましょう。

30ページの絵からわかる 大雨のときに危険なポイント

・雨で地盤がゆるむと土砂くずれが発生しやすくなる。
・河川が増水して、流れが速くなる。また、堤防をこえたり、堤防そのものをこわしたり（決壊）することもある。
・河川が氾らんすると、家のなかにまで水が入ってきたり（浸水）、田畑やお店も被害を受けたりする。
・下水道が逆流してマンホールのふたが外れたり、雨水がふき出したりする。

大雨の影響で、アンダーパス（道路や線路の下をくぐる道）が水没しています。警報時には、通行止めになることもあります。(2022年９月24日撮影)

大雨が原因で ひどい災害につながる こともあるんだね！

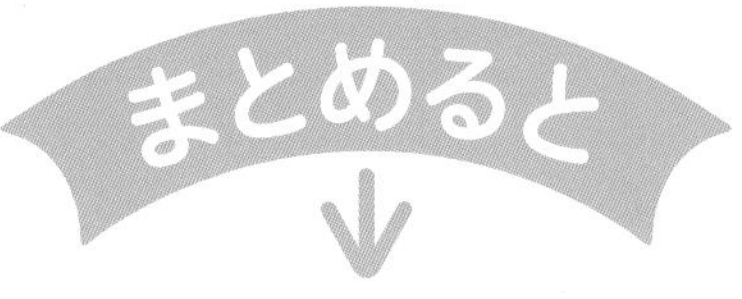

大雨がふると大変な災害が起きることもあるんだね。

川が氾らんしたら、町全体が水につかっちゃうの、こわいな。

これからは天気予報をよく見て、大雨予測のときには、前もってにげられるようにしておこうかな。

最近は大雨が多いから、しっかり準備しないといけないね！

予想は……不正解

大雨が原因で大規模な災害が起きることもある！

でも？

そもそも大雨ってどんなしくみでふるんだろう？

夏の暑い日に急に大雨がふることがあるけれど、あれはどうして？

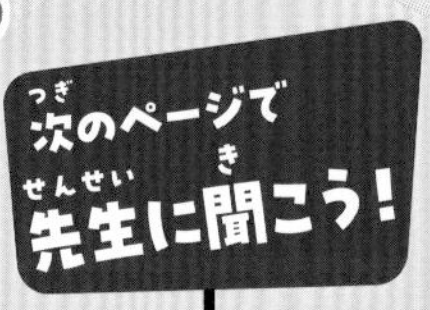

教えて！
筆保先生

急に大雨がふるのはなぜ？

ザッとふって
すぐにやんでしまう
夏の大雨について
見ていきましょう！

急に空が暗くなってバケツをひっくり返したような大雨に……。かと思えばすぐにやんで、からっと晴れる。夏の暑い日にこんな雨にふられたことはありませんか？　なぜ晴れていたのに、急に激しい雨がふるのでしょうか。

夏の暑さが激しい雨をふらせる

急にふり出す激しい雨は、ふる範囲がせまく、ほとんどの場合は30分から１時間程度でやんでしまいます。この大雨をふらせているのは「積乱雲」と呼ばれる背の高い雲です。入道雲とも呼ばれます。

夏の晴れた日、強い日差しで地面が照りつけられて、地面に近いところにある空気が温められます。そこへ、南からの季節風や、海や川からの暖かく湿った空気がふきこむと、上昇気流が起こり、大きな積乱雲に成長し、大雨をふらせるのです。

右ページのグラフは非常に激しい雨（１時間に50ミリ以上）がふった回数を表したものです。年ごとに差はありますが、長期的に見ると少しずつ増えています。じつは、日本で１年間にふる雨の量はそんなに変わっていません。変わったのは雨のふり方やふる回数で、弱い雨が減って、激しい雨が増えているのです。

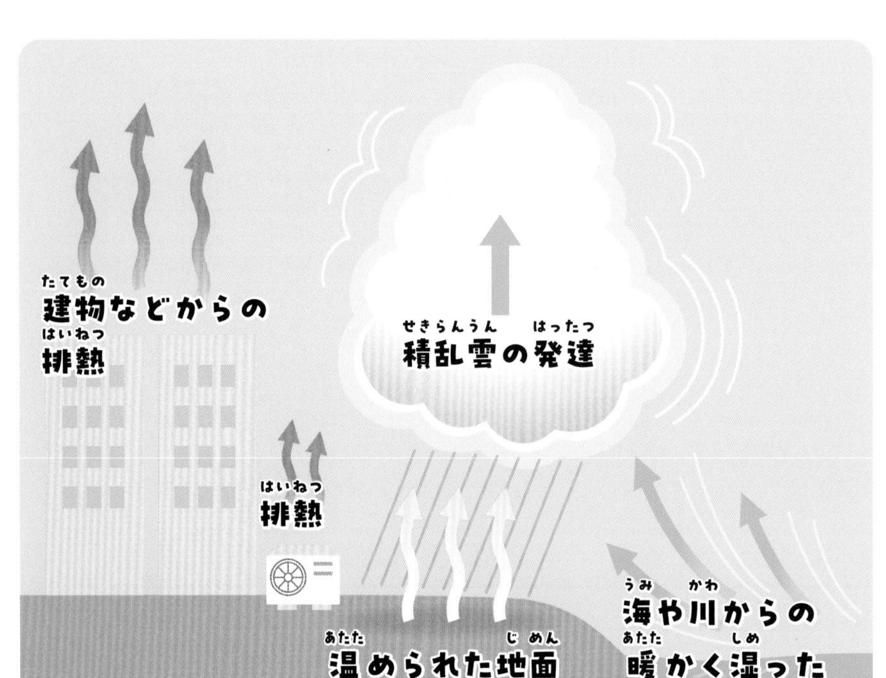

地面が温められて……
なんだか、12ページで見た
ヒートアイランド現象の
図と似ているね。
大都市では大雨が
ふりやすいのかな？

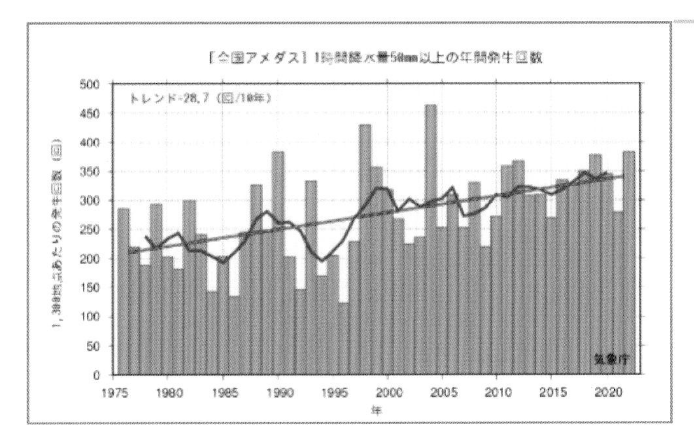

「非常に激しい雨」の回数

1時間に50ミリ以上の雨のことを「非常に激しい雨」といいます。かさをさしていてもぬれてしまったり、道路が川のようになったりするぐらいの激しい雨です。左のグラフを見ると、その回数が多くなってきていることがわかります。

雷にも注意が必要

積乱雲は雨をふらせるだけでなく、雷も発生させることがあります。外にいるときに「ゴロゴロ」と雷の音が聞こえたら、すぐに建物のなかに避難しましょう。とくにグラウンドなどの開けた場所では雷が直撃する可能性があり、危険です。

また、木の下やそばにいると、木に落ちた雷が飛び移ることがあります。急に雨がふってきても、木の下やそばで雨宿りをしないようにしましょう。

積乱雲から落雷するようす。(2018年8月26日撮影)

ゲリラ豪雨と大雨はちがうの？

テレビのニュースで「ゲリラ豪雨」という言葉を聞いたことがある人も多いでしょう。しかし、ゲリラ豪雨は正式な気象用語ではありません。正式には「局地的大雨」といいます。言葉がちがうだけで、同じ雨のことを指しています。

また、夏の午後にふる局地的大雨を指す「夕立」という言葉もあります。こちらは夏によく使われる気象用語です。どれも雨の量に関するはっきりした基準はありません。

暑い日が増えると、それだけ
積乱雲が育ちやすくなって、
大雨が増えてしまうんだね

すぐにやむ大雨のことは
わかったけれど、
30ページのように
長く大雨がふりつづくときは
空でどんなことが
起きているのかな？

なかなかやまない強い雨の原因は？

すぐにやむ夏の大雨やゲリラ豪雨とちがって、強い雨がふりつづく「線状降水帯」という現象があります。過去の大きな災害にも関係する、線状降水帯のしくみを見ていきましょう。

積乱雲がつらなる線状降水帯

ゲリラ豪雨をふらせるのは積乱雲と呼ばれる雲でした。１つの積乱雲は１時間くらい雨をふらせると消えます。しかし、さまざまな要因で次々に積乱雲が発生し、同じ場所を通るように列をつくることがあります。この現象を「線状降水帯」と呼びます。右の図は、線状降水帯が発生したときの雨の量を表した図です。雨がふる場所がななめに細長くのび、中心部では大量の雨がふっていることがわかります。

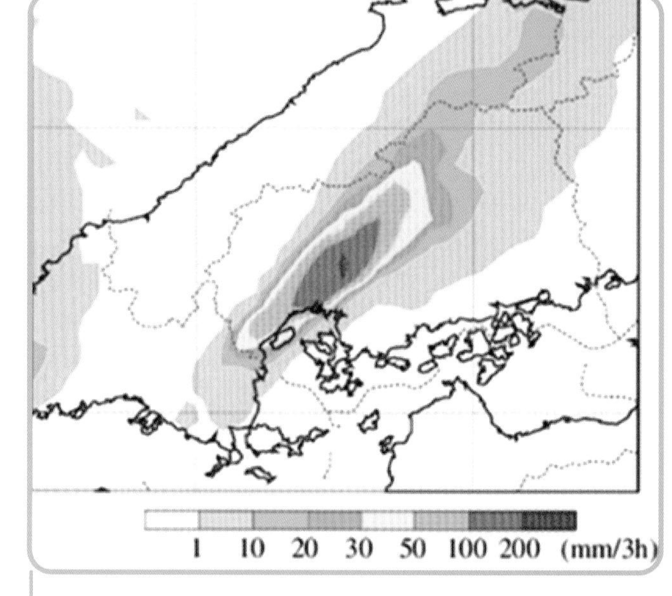

気象庁『顕著な大雨に関する気象情報』より線状降水帯の例。2014年8月20日午前1時から4時の3時間積算降水量を表したもの。中心部分では３時間に200ミリ以上の雨がふっています。

午後7時

午後9時

平成30年７月豪雨（西日本豪雨）のときの雨雲のようす。時間がたっても、線状の雨雲から強い雨がふりつづいているのがわかります。

線状降水帯ができるしくみ

線状降水帯は、風向きや地形の組み合わせなどによっていくつかの種類に分けられます。ここでは、豪雨災害を引き起こしやすい「バックビルディング型」のしくみを見ていきましょう。

海や地上付近の暖かく湿った風（下層の風）が山にぶつかったり、温められたりして上昇気流が発生し、雲ができます。雲は上空の風に動かされながら積乱雲に成長し、強い雨をふらせます。積乱雲からは風がふき下ろし（下降気流）、下層風にぶつかってどんどん新しい雲が発生し、上空の風に流されながら強い雨をふらせます。

バックビルディング型では、雲が発生する場所、成長する場所があまり変わらず、同じ場所に強い雨がふりつづけることになるため、災害の危険性が高いのです。

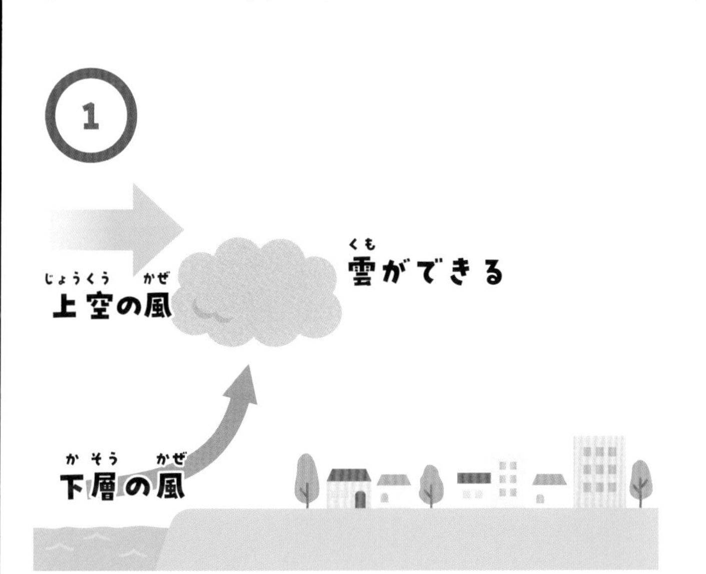

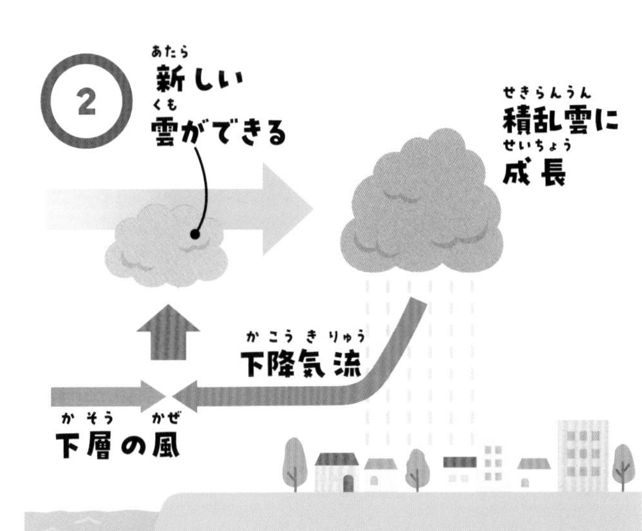

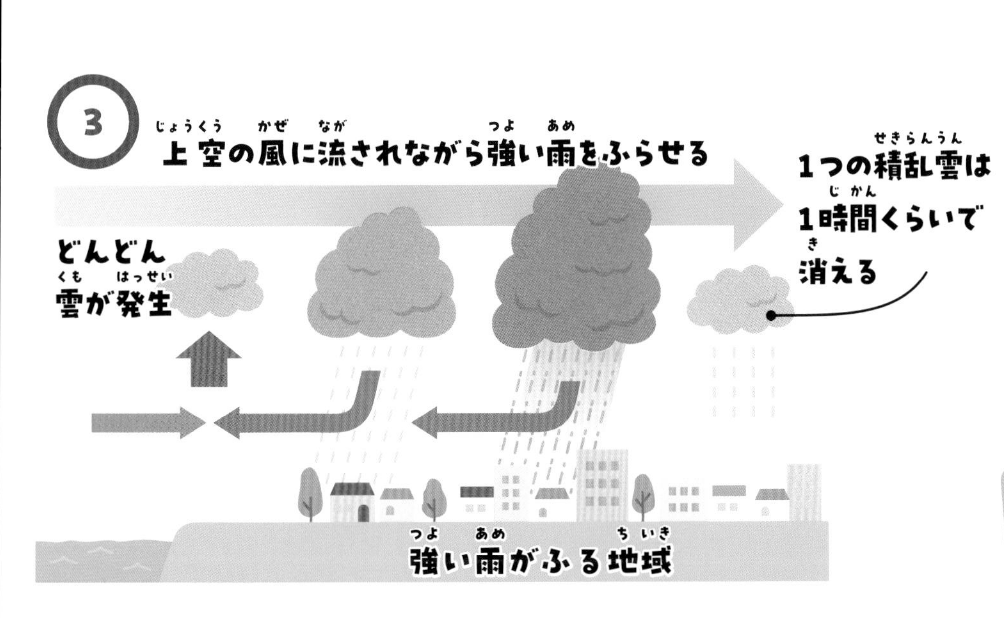

ギモン ④

地球温暖化や異常気象を食い止めるためにできることってあるの？

2015年にフランスのパリで開催されたCOP21

世界の平均気温の上昇をおさえるための目標を取り決めた「パリ協定」が採択されました。先進国だけでなく、発展途上国もふくめたすべての参加国に、温室効果ガスを削減する努力が求められています。(2015年12月12日)

このままじゃまずい！

異常気象の原因になっている温室効果ガスを削減するために、世界中が協力しているんだね。

何もしないままだと、もっと温暖化や異常気象がひどくなるかもしれないものね。

温室効果ガスを減らすために、私たちにできることってないのかな？

ぼくたちにも何かできることがあるはずだよね！　調べてみようか！

予想

私たちにもできることがあるはず！

→ 38 ページへ

予想 私たちにもできることがあるはず！

どう調べる？

2020年にレジ袋が有料になったように、国や自治体では地球温暖化を食い止めるための取り組みをしているんじゃないかな。自分たちの取り組みを考える参考になりそうだね。地球にやさしい商品をつくっている会社も調べるといいかも！

調べる① 国や自治体の取り組みを調べてみよう

日本政府は、2050年までに温室効果ガスの増加を実質ゼロにする「カーボンニュートラル（脱炭素）」を目指しています。達成に向けて国だけでなく、各自治体でもさまざまな取り組みをすすめています。

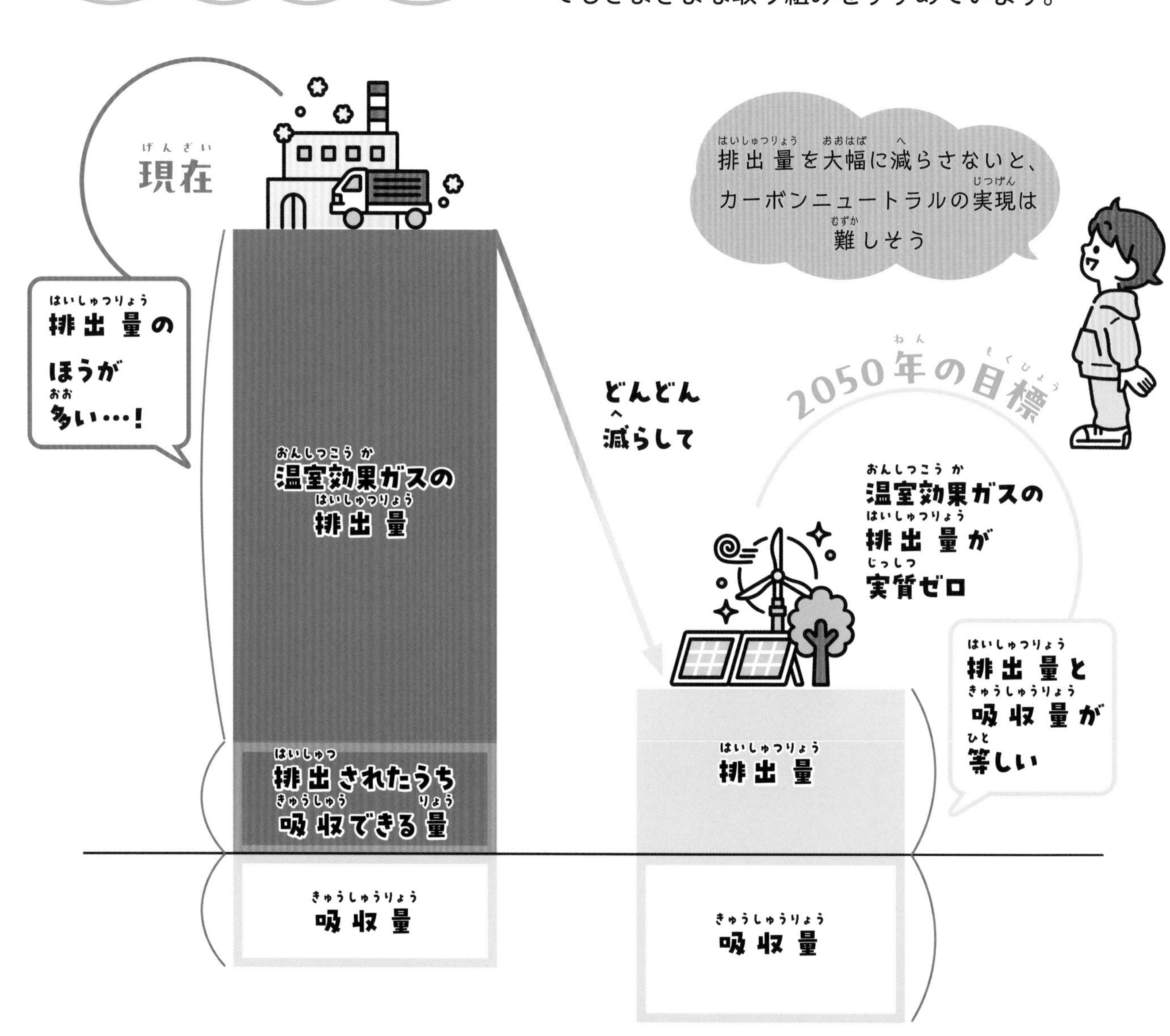

国の取り組みの例

風力発電用の風車と、太陽光発電パネルが並んでいます。日本政府は風や太陽光、水力や地熱といった自然の力で発電する「再生可能エネルギー」の割合を現在の17パーセントから22～24パーセントまで高め、火力発電の割合を減らす「エネルギーミックス」を進めています。CO_2を出さないことはもちろん、自然界に常に存在するもので発電するため、何度も繰り返し使えることも大きなメリットです。

自治体の取り組みの例（植林・育林）

山形県村山市では、市内の中学生がスギ（近年は少花粉スギ）やブナの植林・育林を行う「ふるさと教育の森」活動が1982年から行われています。

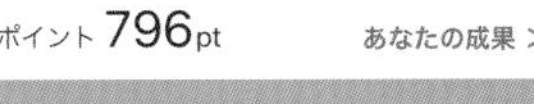

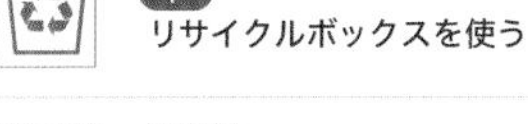

1pt 食事を食べきる

1~10pt 食ロスレスキュー

1pt フードバンクに協力する

1~5pt 自転車を利用する

自治体の取り組みの例（ポイントの導入）

静岡県では地球温暖化防止のための専用アプリ「クルポ」を配信しています。環境に配慮した行動をするとポイントがたまり、賞品が当たる抽選に参加できます。

温室効果ガスを吸収してくれる森林を育てたり、守ったりすることも大事だよね

CO_2が出ない自転車移動で、ポイントがたまるっていいね！ CO_2が出ない乗り物ってほかにあるかな？

調べる② 企業の取り組みを調べてみよう

企業やお店でも、カーボンニュートラルを目指した取り組みが行われています。なかには、「サステナブル（持続可能）な社会」を目指し、環境を守りながら、商品の開発を行う企業も増えています。

CO_2を出さずに走るゼロカーボン・ドライブ

ゼロカーボン・ドライブとは、再生可能エネルギーで発電した電気や、水素などを燃料にした自動車で移動することです。電気自動車はEVと呼ばれ、CO_2を排出しません。日本だけでなく、世界中で電気自動車をふくめたCO_2を出さない車の生産数が増加しています。

水素を燃料にして走る燃料電池自動車（FCV）を活用した東京都内を走る路線バス。走行時には水しか排出しません。

家の近くのコンビニに、電気自動車用の充電スタンドがあるよ！これからもっと増えるのかな？

プラスチックを減らすラベルレス飲料

飲料メーカーの伊藤園では、ペットボトルにラベルをつけない「ラベルレス商品」を販売しています。また、2025年度までに、「お～いお茶」ブランドの全ペットボトル製品を100％リサイクルできる素材などに切り替えることを目指しています。

すてるときに、はがす手間が減るのもいいね！

省エネ・創エネ・蓄エネでエコ生活！

ZEH（ネット・ゼロ・エネルギー・ハウス）とは、家のなかで使う電力を減らし、太陽光発電で電気をつくってたくわえることで、電力の自給自足ができる家のこと。この基準を満たした家が増えています。

電気の自給自足ができれば、もし停電が起こっても、電気が使えるね

使い終わってもゴミにしない！広がるリサイクルの輪

食品や衣服、生活雑貨など、はば広い商品を販売する「無印良品」では、使い終わったプラスチック製品や衣服（自社の商品のみ）を店頭で回収し、リサイクル商品や中古商品として販売しています。

ぼくも、ペットボトルや使い終わった蛍光灯をリサイクルしたことがあるよ。ぼくたちにもできること、まだまだありそうだね！

国や自治体、企業などの取り組みを受けて、私たちひとりひとりができる行動を考えてみましょう。CO_2をはじめとした温室効果ガスの排出をなるべく減らし、環境にやさしい生活をするには、どんな取り組みができるでしょうか？

買い物に行くときは「マイバッグ」をもっていこうかな。「マイはし」や「マイボトル」を使えば、割りばしやペットボトルの消費を減らせるよね。

使う電力をなるべく減らせば、太陽光発電だけで生活できるかも。使っていない部屋の電気はこまめに切ってみよう！　ほかにも、電源をオフにできるものはないかな？

OFF

CO_2を出さないように、短い距離なら、歩いたり自転車に乗って移動するのもいいよね。最近は、思わず歩きたくなる「ウォーカブルな町づくり」をしている地域もあるんだって！

新しくつくったり、ゴミにして燃やすとCO_2が出るよね。ものを大事に使って、いらなくなったら必要な人にゆずれるようにしたらどうかな。

ほかにもできることはたくさん！

すぐに食べるなら、販売期限が近い商品でも大丈夫だよね

購入してすぐに食べる人に向けて、販売期限がせまった手前の商品を選ぶ「てまえどり」を呼びかける取り組み。セブン-イレブンなどの店頭で行われており、食品ロスの削減を目指しています。

スーパーで割引きのシールがついている商品があるのも、食品ロスをへらすための工夫かも

つる性の植物をネットにからませるように育てて、まどに入る直射日光をさえぎる「グリーンカーテン」。

学校で育てた朝顔の種を使って、グリーンカーテンをつくってみようかな

まとめると

温暖化を食い止めるためには、温室効果ガスを減らす努力が必要なんだね。

最初は難しいなって思ったけど、私たちにできることもたくさんあったね。

ひとりひとりがちょっとずつ減らせば、きっとカーボンニュートラルを達成できるよ！

2050年が楽しみだね！

予想は…大正解！

小さなことでもそのつみ重ねが大事なんだね！

でも？

日本の異常気象についてはわかったけれど……

世界の国々ではどんな異常気象が起きているんだろう？

次のページで先生に聞こう！

世界各地で起きている異常気象

これまでと大きくちがう気候を「異常気象」といいます。暑さや大雨以外にも、多くの異常気象が起きています

日本のなかで起きている異常気象、とくに気温上昇と大雨の増加について見てきました。ここでは、世界各地で起きている異常気象を簡単にしょうかいします。

54.4 ℃を記録したアメリカ・カリフォルニア州にあるデスバレー国立公園。(2021年6月16日撮影)

高温による乾燥が森林火災の原因に

海外でも、気温上昇の波は広がっています。2020年6月には北極圏のシベリアで観測史上最高の38.0 ℃が観測されました。この年の夏は、平均気温がふだんより10 ℃も高かったといいます。同じ年の8月にはアメリカのカリフォルニア州デスバレーで54.4 ℃が観測されました。デスバレーでは、次の年の6月にも54 ℃を記録しています。

このような高温がつづくと、4ページの写真のような森林火災のリスクも高まります。畑をならすための野焼きや、落雷などの原因がなくても、高温によって空気がひどく乾燥し、草木がこすれて自然に発火することがあります。2020年にアメリカのカリフォルニア州で起きた森林火災では、約4180平方キロメートルの森林が失われました。

スペイン・カタルーニャ州の水が干上がった貯水池。手前にあるのは船着き場。

深刻な干ばつも増加

スペインの北東部、カタルーニャ州では2024年の2月に「過去100年で最悪の干ばつに見舞われた」と非常事態が宣言されました。現地では、1日に使える水の量を制限したり、洗車や水まきを禁止したりと、いくつかの対策が取られています。 カタルーニャ州では2021年からの3年間にわたって降水量が平均を下回っており、長く厳しい干ばつにさまざまな影響が出ています。

温暖化なのに寒波がくる？

アメリカでは2024年1月半ばから大寒波が猛威をふるいました。地域によっては気温がマイナス40℃を下回り、道路がこおって交通事故が起きたり、送電線が故障して停電が発生するなどの被害が相次ぎました。

この大寒波は、北極で起きた異常気象が原因ではないかと考えられています。北極のぶ厚い氷は太陽の熱を反射させますが、氷がとけてしまうと、海面が太陽の熱を吸収してさらに気温が上昇します。また、北極の上空には「極渦」と呼ばれる大規模な低気圧があり、冷たい空気を閉じこめています。気温の上昇によってこの極渦が乱れて分裂し、アメリカ上空へ移動してしまったことで、まるで北極並みの大寒波が発生してしまったのです。

アメリカでは国内のおよそ1億人に対して警報が発表され、低体温症への注意が呼びかけられました。

異常気象は日本だけの問題じゃなくて、世界中で起きているんだね。たくさん知って、できることを考えて、みんなで取り組まないといけないね！

もっと知りたい！

気象観測や情報の集め方

このページでは、異常気象を調べるときに役に立つ情報源や、データの取り方などをしょうかいします。

ハザードマップを見てみよう

大雨や台風、地震などの災害時に、洪水や土砂災害、高潮、津波などの危険がどのくらいあるかを地図上に示したものを「ハザードマップ」といいます。危険な場所だけでなく、いざというときの避難場所や、逃げるための経路を確認しておくことも大切です。

ハザードマップポータルサイト
https://disaportal.gsi.go.jp/

正しい気温の測り方

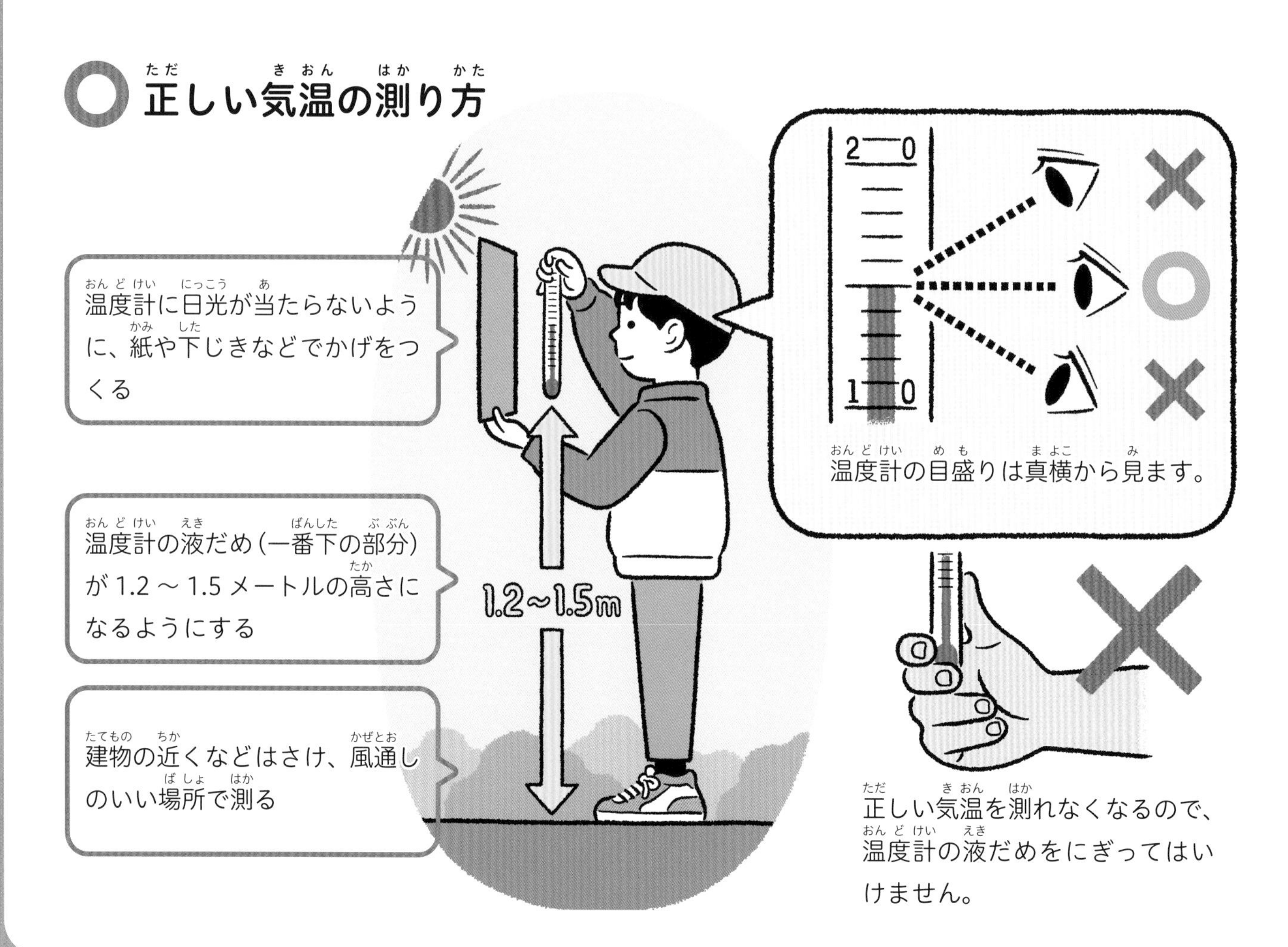

さくいん

● 4巻『異常気象』の単元対応表

学年	単元名	本書のページ
小4	季節と生物	p.14～20
	天気の様子	p.4～35
小5	天気の変化	p.22～35
中2	日本の気象	p.4～35
	自然の恵みと気象災害	p.22～35,44,45
中3	自然環境の保全と科学技術の利用	p.36～43

監修者

筆保弘徳（ふでやす・ひろのり）

横浜国立大学教育学部教授。台風科学技術研究センター長、気象予報士。1975年岩手県生まれ、岡山県育ち。京都大学大学院修了（理学博士）。気象学、とくに台風を専門とし、内閣府ムーンショット型研究開発制度の目標８のプロジェクトマネージャーに携わる。主な監修・著書に『天気と気象についてわかっていることいないこと』（ベレ出版、編集・共著）、『台風の正体』（朝倉書店、共著）、『気象の図鑑』（技術評論社、監修・共著）、『天気のヒミツがめちゃくちゃわかる！ 気象キャラクター図鑑』（日本図書センター、監修）などがある。

協力

清原康友（横浜国立大学台風科学技術研究センター）

写真・出典

【カバー】「大型台風19号」毎日新聞社/アフロ、「東京 銀座 歩行者天国」アフロ、「令和２年７月４日午前４時の雨雲レーダー」tenki.jp　【8-17ページ】「気象庁ウェブページ」気象庁ウェブページ、『中央気象台年報　大正13年　気象表ノ部』『江戸名所花暦』国立国会図書館　【24-25ページ】「大雨が降る佐賀市」朝日新聞社　【26ページ】「2020年７月６日午後１時　佐賀市周辺の雨雲レーダー」tenki.jp　【28-29ページ】「浸水した倉敷市」「ボートに乗って避難する人」「流木による被害」「決壊する千曲川」朝日新聞社、「崩れた鉄橋」「日田市の土砂崩れ」毎日新聞社　【33-34ページ】「１時間に50mm以上の雨の年間発生数」「『顕著な大雨に関する情報』より『線状降水帯の発生例』」気象庁、「平成30年７月６日の午後７時と午後９時の雨雲レーダー」tenki.jp　【36-37ページ】「COP21」Alamy/アフロ　【39ページ】「ふるさと教育の森活動」山形県村山市教育委員会、「地球温暖化防止アプリ クルポ」静岡県地球温暖化防止活動推進センター　【40ページ】「燃料電池自動車の路線バス」東京都交通局、「ラベルレス飲料」伊藤園　【41ページ】「ZEH住宅」朝日新聞社、「店頭のリサイクルブース」良品計画　【43ページ】「てまえどりの取り組み」セブン-イレブンジャパン　【44-45ページ】「米西部に熱波」ロイター/アフロ、「スペインで干ばつ」「米北東部で寒波」AP/アフロ　【46ページ】「ハザードマップの例」ハザードマップポータルサイト

※本書籍に記載の内容は、すべて2024年5月現在のものです。

予想（よそう）→観察（かんさつ）でわかる！ 天気（てんき）の変化（へんか） ④

異常気象（いじょうきしょう）

監修者　筆保弘徳
協力　清原康友
イラスト　kikii クリモト、しぶたにゆかり、白井匠
デザイン　林コイチ
編集協力　株式会社クリエイティブ・スイート
校正　和田めぐみ
発行者　鈴木博喜
編集　森田直
発行所　株式会社理論社
〒101-0062　東京都千代田区神田駿河台2-5
電話　営業 03-6264-8890
編集 03-6264-8891
URL　https://www.rironsha.com
印刷・製本　図書印刷株式会社　上製加工本

2024年6月初版
2024年6月第1刷発行

ISBN978-4-652-20624-9 NDC451 A4変型判 29cm 47p